**MIDNIGHT LIGHTS
PUBLISHING HOUSE
PREZENTUJE:**

NAJLEPSZY PSZCZELARZ

AUTOR KSIĄŻKI:

BILL POLLIN

SPIS TREŚCI

KSIĄŻKA ZOSTAŁA PRZETŁUMACZONA Z JĘZYKA ANGIELSKIEGO, PRZEZ CO CZASAMI POZOSTAWIAMY NAZWY WŁASNE, LUB UŻYWAMY SYNONIMÓW, JESTEŚMY JEDNAK PRZEKONANI, ŻE NIE ZABURZY TO ODBIORU I DA WAM MOŻLIWOŚĆ SPRÓBOWANIA ZUPEŁNIE NOWYCH, KREATYWNYCH SMAKÓW, A TAKŻE NABYCIE NOWYCH, LUB ZWIĘKSZENIE JUŻ POSIADANYCH ZDOLNOŚCI!

1IN=2,5CM

1OZ=30ML

Wprowadzenie

Historia pszczelarstwa

Pszczelarstwo istnieje od bardzo dawna. Nasi przodkowie zaczęli od kradzieży miodu od dzikich pszczół. W Hiszpanii istnieją malowidła sprzed 8000 lat przedstawiające ludzi wspinających się na klify, aby zdobyć miód. Ta niebezpieczna praktyka powoli ustąpiła miejsca bardziej kontrolowanemu podejściu, gdy pierwsi ludzie nauczyli się zwabiać roje do wydrążonych kłód lub glinianych garnków.

Starożytni Egipcjanie byli jednymi z pierwszych, którzy opracowali zaawansowane techniki pszczelarskie. Tworzyli cylindryczne ule z gliny i spławiali je w dół Nilu. Grecy i Rzymianie uczynili pszczelarstwo jeszcze lepszym. Arystoteles pisał o pszczołach. W średniowiecznej Europie mnisi wytwarzali miód pitny z miodu.

W XVIII i XIX wieku pszczelarstwo bardzo się zmieniło. W 1852 roku

Lorenzo Langstroth wynalazł ul z ruchomą ramką. Pozwoliło to pszczelarzom na kontrolę i zarządzanie koloniami bez niszczenia plastrów. To, wraz z rosnącym zrozumieniem biologii pszczół, położyło podwaliny pod nowoczesne pszczelarstwo. Dziś dbamy o nasze ule, aby zbierać miód, ale także łączymy się z naszymi przodkami i światem przyrody.

Znaczenie pszczół w ekosystemach i rolnictwie

Pszczoły są ważne dla wielu ekosystemów. Przelatując z kwiatu na kwiat, pomagają roślinom się rozmnażać. Jest to ważne dla reprodukcji roślin, które produkują dla nas żywność. Pszczoły pomagają utrzymać bioróżnorodność w naturalnych siedliskach, co pomaga przetrwać wielu gatunkom roślin i zwierząt.

Pszczoły są ważne w rolnictwie. Uprawy takie jak migdały, jabłka, jagody i ogórki potrzebują pszczół do produkcji owoców. Pszczoły są warte miliardy dolarów dla rolnictwa każdego roku. Jako pszczelarz widziałem, jak umieszczenie uli w pobliżu kwitnących upraw może zwiększyć plony. Jest to korzystne dla rolników, pszczelarzy i konsumentów.

Pszczoły są jednak zagrożone utratą domów i zatruciem. Spadek liczebności pszczół podniósł alarm. Jako pszczelarze jesteśmy na pierwszej linii frontu działań na rzecz ochrony przyrody. Za każdym razem, gdy otwieram ul, przypomina mi się, że przyczyniam się do zdrowia całych ekosystemów.

Przegląd nowoczesnych praktyk pszczelarskich

Nowoczesne pszczelarstwo to połączenie sztuki i nauki, oparte na tradycji, ale z nowymi pomysłami. Nasze ule Langstroth mają ruchome ramki, które ułatwiają opiekę nad pszczołami. Ule te są zwykle wykonane z drewna, ale niektórzy pszczelarze używają plastiku lub polistyrenu dla lepszej izolacji. Wewnątrz używamy podkładów woskowych lub plastikowych ramek, aby pomóc pszczołom budować plastry.

Typowy rok pszczelarski przebiega zgodnie z naturalnym cyklem kolonii. Wiosną sprawdzamy, czy nie ma królowej i upewniamy się, że kolonia ma wystarczającą ilość pożywienia. Możemy również podzielić silne kolonie, aby zapobiec rojeniu się lub zwiększyć liczbę uli. Gdy kwiaty zaczynają kwitnąć, dodajemy ramki na górze ula, aby zapewnić pszczołom miejsce do przechowywania nadmiaru miodu.

Latem monitorujemy szkodniki i choroby, w szczególności roztocza Varroa. Zbieramy również miód.

Jesienią przygotowujemy się do zimy. Upewniamy się, że nasze rodziny mają wystarczającą ilość miodu, aby przetrwać zimę, czasami dodając syrop cukrowy, jeśli tego potrzebują. Możemy łączyć słabe kolonie, aby pomóc im przetrwać i dodać izolację lub wiatrochrony, aby chronić ule przed złymi warunkami pogodowymi.

Zimą pszczoły przebywają wewnątrz uli, aby się ogrzać. Nadal jednak sprawdzamy ule, aby upewnić się, że nie zostały uszkodzone przez burze lub szkodniki. Jest to również czas, kiedy wielu pszczelarzy naprawia swój sprzęt i planuje kolejny sezon.

Przez cały rok wielu pszczelarzy wykorzystuje technologię, aby pomóc w zarządzaniu ulem. Cyfrowe wagi mogą śledzić zmiany w wadze ula, wskazując przepływ nektaru lub kiedy może być konieczne karmienie. Czujniki temperatury i wilgotności pomagają monitorować warunki wewnątrz ula, a niektóre zaawansowane systemy wykorzystują nawet analizę dźwięku do wykrywania problemów, takich jak brak królowej.

Pomimo tych postępów technologicznych, udane pszczelarstwo nadal w dużej mierze opiera się na obserwacji i intuicji. Za każdym razem, gdy otwieram ul, nie tylko patrzę na pszczoły - słucham ich brzęczenia, czuję wyraźne zapachy ula i wyczuwam nastrój kolonii. To praktyczne podejście, doskonalone przez lata doświadczeń, zmienia pszczelarstwo z hobby w rzemiosło. Jest to ciągły proces uczenia się, a każdy sezon przynosi nowe wyzwania i wgląd w fascynujący świat pszczół.

Niezbędny sprzęt i względy bezpieczeństwa dla pszczelarzy

Jako pszczelarz wiem, jak ważne jest posiadanie odpowiedniego sprzętu i środków bezpieczeństwa. Pokażę Ci, czego potrzebuje każdy pszczelarz.

Najpierw porozmawiajmy o sprzęcie ochronnym. Dobry kombinezon chroni przed użądleniami. Preferuję pełny kombinezon, który zakrywa mnie od stóp do głów. Niektórzy pszczelarze noszą tylko kurtkę i welon, ale ja wolę pełne okrycie, aby zapewnić sobie spokój ducha podczas pracy z rodzinami obronnymi.

Zasłona jest najważniejszym elementem odzieży ochronnej. Twarz i szyja są wrażliwe, a użądlenie w tym miejscu może być niebezpieczne. Używam zaokrąglonej zasłony, która utrzymuje siatkę z dala od mojej twarzy. Jest ona przymocowana do mojego kombinezonu, więc pszczoły nie mogą dostać się do środka.

Nie zapomnij o rękach! Potrzebujesz rękawic pszczelarskich. Ja używam skórzanych rękawic, które sięgają mi do ramion, chroniąc mnie bez utraty zręczności. Niektórzy pszczelarze preferują rękawice nitrylowe, które zapewniają większą czułość, zwłaszcza podczas znakowania matek pszczelich.

Ważne jest również obuwie. Noszę buty, w które można schować kombinezon, aby pszczoły nie miały dostępu do moich nóg. Upewnij się, że są wygodne i wytrzymałe - będziesz dużo chodzić.

Następnie przyjrzyjmy się narzędziom ulowym. Podstawowe narzędzie do ula jest czymś, czego używam za każdym razem, gdy otwieram ul. Jest to wielofunkcyjne narzędzie używane do podważania korpusów ula, zeskrobywania nadmiaru wosku i propolisu i nie tylko. Zawsze mam kilka w swoim zestawie.

Wędzarka pomaga uspokoić pszczoły, dzięki czemu inspekcje ula są łatwiejsze i bezpieczniejsze. Używam wędzarni z dużym mieszkiem i komorą, co pozwala na dłuższy czas palenia. Dobrze sprawdzają się igły sosnowe, tektura lub komercyjne paliwo wędzarnicze.

Dobra para uchwytów do ramek jest przydatna do manipulowania ramkami, zwłaszcza gdy ul jest pełen miodu, a ramki są ciężkie. Używam mocnych korpusów ula, ramek i fundamentów. Wybieram wytrzymałe drewno lub plastik od dobrego dostawcy. Miej pod ręką dodatkowy sprzęt na wypadek konieczności dodania nadstawki lub wymiany uszkodzonego elementu.

Do zbierania miodu potrzebny będzie nóż lub widelec do odsklepiania oraz ekstraktor. Jeśli dopiero zaczynasz, możesz pożyczyć ekstraktor od lokalnego stowarzyszenia pszczelarskiego.

Nie zapomnij o drobiazgach: notatniku do prowadzenia dokumentacji, zestawie do znakowania królowych, sprzęcie do karmienia i apteczce pierwszej pomocy. Dobra książka pszczelarska lub subskrypcja czasopisma pszczelarskiego może pomóc, gdy nie jesteś pewien, jak poradzić sobie z daną sytuacją.

Pszczelarstwo polega na zrozumieniu i pracy z pszczołami, a także na posiadaniu odpowiedniego sprzętu. Dowiedz się więcej o zachowaniu pszczół i zarządzaniu kolonią. Twój sprzęt jest po to, aby Cię wspierać, ale to Twoja wiedza i doświadczenie są Twoimi najcenniejszymi narzędziami.

Biologia pszczół

Anatomia i fizjologia pszczół

Jako pszczelarz spędziłem dużo czasu na badaniu pszczół i cieszę się, że mogę podzielić się tym, czego się nauczyłem. Jest to złożony temat, ale jego zrozumienie jest ważne dla pszczelarstwa.

Zacznijmy od anatomii i fizjologii pszczół. Pszczoły miodne mają głowę, tułów i odwłok. Głowa ma złożone oczy do ruchu i proste oczy do światła. Ich czułki są bardzo wrażliwe. Mogą wąchać, dotykać, a nawet wykrywać dwutlenek węgla.

Części jamy ustnej pszczół są wyspecjalizowane pod kątem ich diety. Pszczoły mają długi wysięgnik do popijania nektaru i żuchwę do innych zadań. Pszczoły mają gruczoły wytwarzające mleczko pszczele, które jest ważne dla larw królowej.

Tułów to miejsce, w którym porusza się pszczoła. Pszczoły mają sześć nóg, z których każda ma specjalne zadanie. Przednie nogi mają czułki czyszczące, podczas gdy tylne nogi mają koszyczki na pyłek do zbierania i transportu pyłku. Cztery skrzydła przymocowane do tułowia umożliwiają imponujący lot.

Odwłok zawiera wiele ważnych narządów, w tym żołądek miodowy do przechowywania nektaru, komorę pokarmową do trawienia i aparat żądłowy. Pszczoły robotnice mają również na odwłoku gruczoły produkujące wosk.

Cykl życia pszczół

Przyjrzyjmy się cyklowi życia pszczół. Wszystko zaczyna się od jaja złożonego przez królową w komórce plastra. Po trzech dniach z jaja wykluwa się maleńka larwa. Pszczoły robotnice karmią larwy mleczkiem pszczelim przez kilka pierwszych dni, a następnie jedzą miód i pyłek kwiatowy (chyba że jest to królowa, w którym to przypadku nadal je mleczko pszczele).

Po około tygodniu larwa zostaje zamknięta w komórce i przepoczwarza się. W tym czasie bardzo się zmienia. Po około 12 dniach dla robotnic (15 dla trutni, 8 dla królowych) z komórki wyłania się dorosła pszczoła.

Role w kolonii (królowa, robotnice, trutnie)

Role w kolonii są fascynujące. Królowa nie jest odpowiedzialna. Składa jaja, do 2000 dziennie w okresach szczytowych. Wytwarza również feromony, które pomagają zachować się kolonii.

Większość ula składa się z samic pszczół robotnic. Ich role zmieniają się wraz z wiekiem. Młode robotnice zaczynają jako sprzątaczki i pielęgniarki. Wraz z wiekiem mogą stać się budowniczymi plastrów, magazynami żywności lub pszczołami strażniczymi. W drugiej części swojego 4-6 tygodniowego życia stają się zbieraczkami.

Trutnie, samce pszczół, mają jeden cel: łączenie się w pary z dziewiczymi królowymi z innych kolonii. Nie pracują one w ulu i zazwyczaj są wyrzucane przed zimą.

Komunikacja i zachowanie pszczół

Komunikacja i zachowanie pszczół są niesamowite. Dobrym przykładem jest taniec waggle. Foragerzy tańczą, aby pokazać, gdzie jest jedzenie. Kąt wskazuje słońce, a długość pokazuje odległość.

Pszczoły komunikują się również za pomocą feromonów. Feromony królowej pomagają kolonii trzymać się razem i powstrzymują robotnice przed rozmnażaniem. Feromony alarmowe informują inne pszczoły o użądleniu przez pszczołę.

Proces zapylania

Wreszcie, pszczoły zapylają kwiaty, co jest ważne dla pszczół i naszych ekosystemów. Gdy pszczoły odwiedzają kwiaty w celu zdobycia pożywienia, przenoszą pyłek z jednego kwiatu na drugi, co pomaga roślinom się rozmnażać.

Pszczoły są dobrymi zapylaczami z kilku powodów. Ich owłosione ciała zbierają pyłek. Wiele gatunków skupia się na jednym rodzaju kwiatów na raz, co zwiększa prawdopodobieństwo udanego zapylenia. Ponadto odwiedzają wiele kwiatów, zwiększając możliwości zapylania.

Różne gatunki pszczół mają różne długości języczków i rozmiary ciała, co pomaga im zapylać różne rodzaje kwiatów. Dlatego ważne jest, aby w środowisku występowały różne rodzaje pszczół.

Zrozumienie biologii pszczół pomaga mi jako pszczelarzowi. Pomaga mi przewidywać potrzeby moich kolonii, wcześnie wykrywać potencjalne problemy i pracować w harmonii z naturalnymi zachowaniami pszczół. Wciąż jestem zdumiony za każdym razem, gdy otwieram ul. Te owady tworzą złożone społeczności.

Zakładanie ula

Wybierz odpowiednią lokalizację

Miejsce powinno być nasłonecznione, ponieważ pszczoły są bardziej aktywne i produktywne w słońcu. Poranne światło słoneczne pomaga ogrzać ul, zachęcając pszczoły do wcześniejszego rozpoczęcia żerowania.

Miejsce powinno być również chronione przed silnymi wiatrami. Drzewa lub krzewy mogą chronić ule przed silnymi wiatrami. Upewnij się, że teren jest dobrze osuszony i nie jest podatny na powodzie. Mokre warunki mogą powodować problemy z ulem.

Pszczoły muszą mieć dostęp do kwiatów i czystej wody. Potrzebują także łatwo dostępnego źródła wody.

Ważne jest również, aby wziąć pod uwagę łatwość dotarcia na miejsce.

Rodzaje uli i ich wady/zalety

Istnieje kilka rodzajów uli, z których każdy ma inne cechy i zalety.

Najbardziej popularny jest ul *Langstroth*, ponieważ jest łatwy w zarządzaniu i pozyskiwaniu miodu. Można go powiększać wraz ze wzrostem kolonii. Jednak ule Langstroth są ciężkie i wymagają więcej wysiłku przy przenoszeniu i zarządzaniu. Kosztują więcej, ponieważ wymagają dodatkowego wyposażenia, takiego jak ramki i fundamenty.

Ul *z górną belką* jest prostszy z poziomymi belkami na górze, gdzie pszczoły budują swoje plastry. Ten typ ula jest łatwiejszy dla hobbystów i osób zainteresowanych bardziej naturalnym podejściem do pszczelarstwa. Jest łatwiejszy w budowie i nie wymaga podnoszenia ciężkich przedmiotów. Ule z górną beleczką są trudniejsze w zarządzaniu, ponieważ plaster jest delikatny, a produkcja miodu niższa. Trudniejsze są również inspekcje i zarządzanie chorobami.

Ul *Warre* został zaprojektowany tak, aby naśladować naturalne środowisko gniazdowania pszczół. Składa się z ułożonych w stos skrzynek bez ramek, umożliwiając pszczołom naturalne budowanie plastrów. Ten typ ula wymaga mniej interwencji, promując styl pszczelarstwa "hands-off". Ul Warre jest dobry dla osób, którym bardziej zależy na pszczołach niż na miodzie. Jest jednak trudniejszy w zarządzaniu i sprawdzaniu, ponieważ plastry nie znajdują się na ramkach. Zbieranie miodu jest również trudniejsze.

Montaż pierwszego ula

Po wybraniu typu ula i odpowiedniej lokalizacji można rozpocząć jego montaż. Najpierw należy przygotować miejsce. Upewnij się, że podłoże jest równe i rozważ umieszczenie ula na stojaku, aby chronić go przed wilgocią i szkodnikami.

W przypadku ula Langstrotha należy rozpocząć od zbudowania stojaka i dennicy. Następnie należy złożyć skrzynki z czerwiem i ramki, upewniając się, że ramki ściśle przylegają do skrzynek. Jeśli chcesz, dodaj podkarmiaczkę, a następnie pojemniki na miód, w których pszczoły będą przechowywać miód. Umieść pokrywę wewnętrzną i teleskopową pokrywę zewnętrzną na górze, aby chronić ul przed czynnikami atmosferycznymi.

W przypadku ula z górnymi beleczkami, zbuduj korpus ula i załóż górne beleczki. Upewnij się, że ul ma bezpieczną pokrywę, która chroni go przed deszczem i drapieżnikami. Ul powinien mieć również otwory wentylacyjne, aby zapewnić przepływ powietrza.

Ul Warre jest tworzony przez układanie skrzynek z pikowanymi pokrywami i dachem. Każda skrzynka musi być dobrze dopasowana, aby umożliwić pszczołom łatwe poruszanie się.

Po zbudowaniu ula można wprowadzić pszczoły. Pszczoły można pozyskać w pakietach, odkładach (koloniach zarodowych) lub poprzez łapanie rojów. Każda z tych metod ma swoje zalety. Paczki są łatwiejsze w transporcie i zwykle dostarczane z królową, ale ich założenie zajmuje więcej czasu. Odkłady są dostarczane z małą, założoną kolonią i królową, co może przyspieszyć rozwój ula. Rójki, jeśli zostaną pomyślnie schwytane, mogą być ekonomiczną opcją, ale są mniej przewidywalne. W przypadku odkładów należy umieścić ramki z odkładu w ulu, zachowując tę samą kolejność. W przypadku rojów, wstrząśnij lub wyszczotkuj pszczoły w ulu.

Upewnij się, że pszczoły mają pożywienie i wodę oraz regularnie sprawdzaj ul, aby sprawdzić, czy królowa została zaakceptowana, a kolonia jest zdrowa. Przy odpowiedniej opiece ul będzie się dobrze rozwijał i zacznie produkować miód.

Pozyskiwanie pszczół: pakiety vs. odkłady vs. roje

Pakiety

Jest to powszechny sposób zakładania nowego ula. Obejmuje on ekranowaną skrzynkę z około 2-3 funtami pszczół robotnic (około 10 000 pszczół) i oddzielny pojemnik z matką. Jest to łatwe w transporcie i może być używane w dowolnym miejscu. Pozwalają również na wprowadzenie pszczół do nowego ula.

Jednak rozpoczęcie z pakietem wiąże się z pewnymi problemami. Pszczoły potrzebują czasu, aby się zadomowić i zaakceptować królową, co czasami może powodować problemy. Metoda ta wymaga również ostrożnego obchodzenia się z pszczołami, aby upewnić się, że przemieszczają się one z opakowania do ula.

Odkłady(Nuk)

Odkłady to małe, ugruntowane kolonie pszczół. Zwykle składają się z 3-5 ramek pszczół, czerwiu, miodu i królowej. Jedną z zalet odkładów jest to, że są one dostarczane z funkcjonalną, spójną kolonią. Może to prowadzić do szybszego wzrostu i stabilności kolonii w porównaniu do pakietów.

Nuk kosztują więcej niż pakiety, ponieważ są bardziej rozwinięte. Są one również trudniejsze do zdobycia w niektórych sezonach i od niektórych dostawców. Jednak odkłady są lepsze dla nowych pszczelarzy, ponieważ zaczynają szybciej i mają wyższy wskaźnik sukcesu.

Rój

Innym sposobem na zdobycie pszczół jest złapanie roju. Dzieje się tak, gdy kolonia staje się zbyt duża, a stara królowa opuszcza ją wraz z robotnicami, by założyć nowy ul. Rojące się pszczoły są zazwyczaj spokojne, więc łatwo je złapać i umieścić w nowym ulu. Jest to tani sposób na pozyskanie pszczół i dobra zabawa dla pszczelarza.

Rójka jest nieprzewidywalna i zależy od szczęścia. Istnieje również ryzyko, że schwytany rój może mieć choroby lub szkodniki. Dodatkowo, zapewnienie, że rój przystosuje się do nowego ula wymaga starannego zarządzania i monitorowania.

Instalowanie pszczół w nowym ulu

Instalacja pakietu

Przed rozpoczęciem upewnij się, że ul jest gotowy na przyjęcie nowych pszczół. Przygotuj syrop cukrowy, aby karmić pszczoły, gdy będą przystosowywać się do nowego środowiska.

Po otrzymaniu paczki z pszczołami wyjmij z niej klateczkę z królową. Sprawdź, czy królowa jest żywa i zdrowa. Jeśli w klateczce znajduje się korek, usuń go i zastąp korkiem. Pozwoli to pszczołom stopniowo uwolnić królową, dając im czas na jej zaakceptowanie. Zawieś klateczkę z królową między dwiema ramkami, z cukierkowym końcem skierowanym w dół lub w bok. Pomoże to zapewnić bezpieczne uwolnienie królowej. Następnie uwolnij pszczoły robotnice. Delikatnie wstrząśnij lub wlej pszczoły do ula, upewniając się, że rozłożyły się równomiernie na ramkach. Gdy pszczoły znajdą się w ulu, załóż pokrywę wewnętrzną i górną.

Nakarm pszczoły, umieszczając podajnik z syropem cukrowym w pobliżu wejścia lub wewnątrz ula. Sprawdzaj ul przez kilka następnych dni, aby upewnić się, że królowa została uwolniona, a pszczoły się zadomowiły.

Instalacja kolonii zarodowej (Nuc)

Aby zainstalować kolonię nuklearną, należy przenieść ramki z istniejącej kolonii do nowego ula. Upewnij się, że ul jest gotowy, a cały sprzęt znajduje się na swoim miejscu. Ostrożnie przetransportuj gniazdo do lokalizacji ula. Otwórz klateczkę i wyjmij każdą ramkę, sprawdzając, czy nie ma w niej królowej, czerwiu i zapasów miodu. Umieść ramki w nowym ulu jedna po drugiej, zachowując tę samą kolejność. Uważaj, aby nie uszkodzić plastra ani nie zranić pszczół. Po włożeniu wszystkich ramek, dodaj więcej ramek, jeśli jest na to miejsce.

Umieść ramki na środku ula, upewniając się, że są równomiernie rozmieszczone. Zamknij ul, zakładając pokrywę wewnętrzną i zewnętrzną. Podaj pszczołom syrop cukrowy, aby pomóc im przyzwyczaić się do nowego domu.

Instalowanie roju

Aby zainstalować rój, najpierw upewnij się, że ul jest gotowy. Umieść ul w wybranym miejscu i zdejmij pokrywę. Jeśli rój został złapany do pojemnika, umieść pszczoły w ulu. Możesz wrzucić pszczoły bezpośrednio do ula lub delikatnie potrząsnąć pojemnikiem nad otwartym ulem. Inną metodą jest umieszczenie pojemnika w ulu i pozwolenie pszczołom na samodzielne wyjście. Upewnij się, że królowa została wprowadzona wraz z robotnicami.

Po przeniesieniu pszczół zamknij ul wewnętrzną i zewnętrzną pokrywą. Umieść podkarmiaczkę z syropem cukrowym w pobliżu wejścia. Monitoruj ul przez kolejne dni, aby sprawdzić akceptację królowej i ogólny stan zdrowia kolonii.

Jeśli ostrożnie zainstalujesz swoje pszczoły i zapewnisz im to, czego potrzebują, będą się dobrze rozwijać.

Zarządzanie i konserwacja ula

Sezonowe zadania związane z zarządzaniem ulem

Pszczoły wymagają innej opieki w różnych porach roku.

Wiosna: Pszczoły stają się bardziej aktywne wiosną, więc jest to dobry czas na sprawdzenie ula. Poszukaj oznak chorób lub szkodników i upewnij się, że królowa składa jaja. Jeśli kolonia jest silna, dodaj nadstawki, aby zapewnić przestrzeń do przechowywania miodu i zapobiec rojeniu. Rojenie jest powszechne wiosną, dlatego należy regularnie sprawdzać ul i w razie potrzeby wykonywać podziały lub inne techniki zapobiegania rojeniu.

Lato: Latem pszczoły są najbardziej aktywne, żerując i produkując miód. Regularne inspekcje są niezbędne do monitorowania stanu zdrowia ula i sprawdzania, czy nie ma w nim szkodników, takich jak roztocza Varroa. Upewnij się, że kolonia ma wystarczająco dużo miejsca, aby się rozwijać, dodając w razie potrzeby więcej nadstawek. W gorących obszarach należy dodać wentylację, aby zapobiec przegrzaniu. Obserwuj oznaki rojenia i odpowiednio nimi zarządzaj. Zbierz miód, pozostawiając wystarczającą ilość dla pszczół.

Jesienią należy przygotować ul do zimy. Usuń niewykorzystane nadstawki, aby zmniejszyć rozmiar ula. Sprawdź, czy kolonia ma wystarczającą ilość miodu, aby przetrwać zimę (około 60 funtów). Jeśli zapasy są niskie, należy karmić pszczoły syropem cukrowym. Leczyć roztocza i inne szkodniki. Izoluj i chroń ul przed wiatrem i szkodnikami.

Zimą pszczoły gromadzą się razem, aby utrzymać ciepło. Nie ma potrzeby częstego sprawdzania ula, ale należy sprawdzać, czy nie ma w nim śladów wilgoci, szkodników lub innych problemów. Oczyść wejście do ula ze śniegu i zanieczyszczeń. W cieplejsze dni można zaobserwować pszczoły wykonujące loty oczyszczające, co jest normalnym zjawiskiem. Nie otwieraj ula, jeśli nie musisz, ponieważ może to zakłócić zdolność pszczół do regulowania temperatury.

Inspekcje ula: na co zwrócić uwagę

Ważne jest regularne sprawdzanie ula, aby upewnić się, że jest zdrowy. Podczas inspekcji należy szukać królowej, jaj, larw i zasklepionego czerwiu. Zdrowa królowa będzie miała regularny i gęsty wzór czerwiu. Jeśli wzór czerwiu jest nierówny, może to oznaczać problem z królową lub chorobę, taką jak zgnilec amerykański.

Oceń ilość miodu i pyłku przechowywanego w ulu. Jest to ważne dla przetrwania kolonii, zwłaszcza w okresie zimowym. Należy również szukać oznak chorób, takich jak zgnilca, nosema lub zgnilca kredowego.

Sprawdź ul pod kątem szczelin lub uszkodzeń, które mogą przepuszczać szkodniki lub zimne powietrze. Wymień wszystkie stare lub uszkodzone ramki.

Karmienie pszczół w razie potrzeby

Jeśli pszczoły nie mają wystarczającej ilości pożywienia, można je dokarmiać. Oto kilka sposobów, aby to zrobić:

Syrop cukrowy: Jest to powszechny pokarm dla pszczół, zwłaszcza wiosną i jesienią. Stosunek cukru do wody powinien wynosić 1:1 wiosną, aby zachęcić pszczoły do wychowu czerwiu, oraz 2:1 jesienią, aby pomóc im w gromadzeniu zapasów na zimę. Podkarmiaczki można umieścić wewnątrz, przy wejściu lub na górze ula.

Substytuty pyłku: W przypadku niedoboru naturalnego pyłku, dostarczanie płatków pyłkowych lub innych substytutów może pomóc w odchowie czerwiu i ogólnym zdrowiu ula.

Pasze stałe lub cukierki: W okresie zimowym, gdy pasza płynna może powodować problemy z wilgocią, przydatne są pasze stałe, takie jak pomada lub cukierki. Można je umieścić na ramkach lub nad wewnętrzną pokrywą.

Miód: Pszczoły najbardziej lubią swój własny miód. Jeśli masz dodatkowy miód z silnej rodziny, podziel się nim ze słabszymi ulami. Umieść ramki z miodem w ulu lub podaj go w podkarmiaczce.

Zwalczanie szkodników i chorób

Szkodniki i choroby mogą szkodzić pszczołom. Dużym problemem są roztocza Varroa destructor. Żywią się one pszczołami i rozprzestrzeniają wirusy. Pszczelarze używają środków chemicznych do ich zwalczania. Te środki roztoczobójcze muszą być stosowane zgodnie z instrukcjami producenta, aby zapobiec oporności i zapewnić bezpieczeństwo pszczół.

Innym sposobem zwalczania roztoczy Varroa jest kontrola mechaniczna. Techniki takie jak usuwanie i niszczenie czerwiu trutowego mogą skutecznie zmniejszyć populację roztoczy. Zintegrowane podejście do zarządzania szkodnikami (IPM) kontroluje inwazje roztoczy Varroa. Podejście to łączy w sobie zabiegi chemiczne, kontrole mechaniczne i stosowanie szczepów pszczół odpornych na roztocza.

Małe chrząszcze ulowe również uszkadzają ule. Chrząszcze te zagrzebują się w plastrach, niszczą miód i zakłócają rozwój czerwiu. Zwalczanie małych chrząszczy ulowych polega na stosowaniu pułapek i przynęt w ulu. Pułapki te przyciągają i łapią chrząszcze, dzięki czemu jest ich mniej. Utrzymywanie uli w czystości i upewnianie się, że w plastrach nie ma zbyt wiele miejsca również może powstrzymać chrząszcze. W bardzo złych przypadkach można zastosować środki chemiczne, takie jak paski CheckMite+, ale należy zachować ostrożność i przestrzegać zasad bezpieczeństwa.

Mole woskowe mogą uszkodzić słabe ule, zjadając wosk, pyłek i miód.

Najlepszym sposobem ochrony ula jest utrzymywanie go silnym i zdrowym. Można również stosować pułapki i zamrażanie, aby kontrolować populację ćmy woskowej. Fumigacja kryształami paradichlorobenzenu (PDB) jest skuteczna w zwalczaniu moli woskowych, ale nigdy nie powinna być stosowana na ramkach z miodem.

Choroba Nosema atakuje jelita pszczół i prowadzi do osłabienia kolonii. Fumagilina jest skutecznym lekiem na infekcje Nosema i powinna być podawana zgodnie z zalecanymi wytycznymi, aby zapobiec oporności. Czyszczenie i wymiana starych plastrów może zmniejszyć ilość zarodników i poprawić higienę ula. Karmienie pszczół syropem leczniczym może pomóc im wyzdrowieć i wesprzeć kolonie dotknięte Nosemą.

Dzielenie uli i tworzenie nowych kolonii

Dzielenie uli jest ważną częścią pszczelarstwa. Pomaga zarządzać liczbą pszczół w kolonii, powstrzymywać je przed rojeniem i tworzyć nowe kolonie. Proces ten polega na podzieleniu silnej kolonii na dwa lub więcej oddzielnych uli.

Na początek należy przygotować nowy ul, upewniając się, że jest on w pełni zmontowany i posiada ramki oraz fundamenty. Znajdź silną kolonię, która jest zdrowa i ma dużo pszczół. Podczas podziału znajdź królową w oryginalnym ulu. Jeśli to możliwe, umieść ją w jednym z nowych uli wraz z czerwiem, miodem i pszczołami. Dzięki temu oba ule będą miały to, czego potrzebują do przetrwania.

Ostrożnie przenieś ramki z pierwotnego ula do nowego, zachowując ten sam układ, aby utrzymać strukturę kolonii. Upewnij się, że każdy nowy ul ma taką samą ilość czerwiu, pszczół i pokarmu. Po podziale obserwuj oba ule, aby upewnić się, że pszczoły mają się dobrze, a nowe królowe są hodowane i kojarzone w razie potrzeby.

Techniki zimowania

Ważne jest przygotowanie ula do zimy, aby pomóc pszczołom przetrwać zimne miesiące. Wraz ze zbliżającą się jesienią należy zmniejszyć rozmiar ula, usuwając wszelkie niewykorzystane nadstawki. Pomaga to pszczołom utrzymać odpowiednią temperaturę. Sprawdź kolonię, aby upewnić się, że ma wystarczającą ilość miodu, aby przetrwać zimę, zwykle około 60 funtów. Jeśli zapasy są niewystarczające, należy karmić pszczoły syropem cukrowym, aby pomóc im zgromadzić zapasy. Przed nadejściem zimy należy wyleczyć ul z roztoczy i innych szkodników, ponieważ inwazje mogą być szkodliwe w chłodniejszych miesiącach. Zaizoluj ul, aby chronić go przed trudnymi warunkami pogodowymi. Zmniejszenie wejścia do ula zapobiega przedostawaniu się zimnego powietrza i szkodników, ale przepuszcza wystarczającą ilość powietrza, aby zapobiec gromadzeniu się wilgoci wewnątrz.

Regularnie sprawdzaj ul zimą, aby upewnić się, że jest suchy i wolny od śniegu i zanieczyszczeń. W cieplejsze dni można zaobserwować pszczoły wykonujące loty oczyszczające, co jest normalnym zjawiskiem. Nie otwieraj ula, chyba że naprawdę musisz, ponieważ może to zakłócić zdolność pszczół do utrzymania temperatury wewnętrznej.

Proces produkcji miodu

Zbieranie nektaru przez pszczoły

Produkcja miodu rozpoczyna się od zbierania nektaru przez pszczoły. Pszczoły robotnice opuszczają ul, aby znaleźć kwiaty. Używają swoich długich języków, aby uzyskać nektar z kwiatów. Nektar ten jest głównym składnikiem miodu. Nektar jest przechowywany w plastrze pszczoły, czyli żołądku służącym do przenoszenia pokarmu. Podczas tego procesu pszczoła zbiera również pyłek, który przenosi na inne kwiaty, aby pomóc w zapylaniu.

Następnie pszczoła przekazuje nektar innym pszczołom w ulu w procesie zwanym trofalaksją. Pszczoła zwraca nektar do jamy ustnej innej pszczoły. Pszczoły domowe zamieniają nektar w miód.

Jak pszczoły wytwarzają miód

Pszczoły wytwarzają miód, zamieniając nektar w miód. Pszczoły przechowują nektar w sześciokątnych komórkach woskowych ula. Świeży nektar jest podatny na fermentację, więc pszczoły muszą zmniejszyć poziom jego wilgotności. Robią to poprzez wachlowanie skrzydłami, co sprawia, że nektar wysycha.

Gdy zawartość wody spada, gruczoły ślinowe pszczół rozkładają złożone cukry nektaru na prostsze cukry, takie jak glukoza i fruktoza. Inwertaza jest ważnym enzymem w tym procesie. Oksydaza glukozy pomaga miodowi zwalczać bakterie poprzez produkcję nadtlenku wodoru i kwasu glukonowego.

Gdy nektar zgęstnieje i osiągnie odpowiedni poziom wilgotności (około 17-18%), pszczoły dodają cienką warstwę wosku pszczelego do komórek plastra miodu. To uszczelnia miód i pozwala przechowywać go przez długi czas.

Kiedy i jak zbierać miód

Zbieranie miodu to delikatny proces, który wymaga starannego wyczucia czasu i techniki, aby zapewnić zdrowie kolonii i jakość miodu.

Kiedy zbierać miód: Najlepszym momentem na zbieranie miodu jest czas, w którym pszczoły zasklepiły komórki. Oznacza to, że miód jest w pełni dojrzały i ma odpowiednią ilość wilgoci. Jeśli miód nie jest zamknięty, może być nadal zbyt wilgotny, co zwiększa prawdopodobieństwo jego fermentacji. Główne zbiory odbywają się zazwyczaj późnym latem lub wczesną jesienią.

Proces zbioru: Podczas zbierania miodu należy nosić odzież ochronną. Użyć odkurzacza, aby uspokoić pszczoły. Delikatnie wyjmij ramki z miodem z ula, usuwając wszystkie pszczoły.

Następnie można użyć ekstraktora do odwirowania ramek i wydobycia miodu. Za pomocą noża lub widelca odklej woskowe uszczelki. Umieść ramki w ekstraktorze i odwiruj je, aby wydobyć miód. Zbierz miód z ekstraktora i przecedź go przez drobne sito.

Po ekstrakcji miód można przechowywać w wysterylizowanych słoikach lub pojemnikach. Upewnij się, że pojemniki są szczelne, aby zapobiec przedostawaniu się wilgoci, która może powodować fermentację. Przechowuj miód w chłodnym, ciemnym miejscu, aby zachować jego świeżość.

Ważne jest, aby pozostawić w ulu wystarczającą ilość miodu, aby pszczoły mogły przetrwać zimę. Zdrowa kolonia potrzebuje około 60 funtów miodu, w zależności od klimatu. Postępując zgodnie z poniższymi krokami, można zbierać miód i dbać o zdrowie pszczół.

Pozyskiwanie i przetwarzanie miodu

Pozyskiwanie i przetwarzanie miodu to satysfakcjonująca część pszczelarstwa. Przekształca on ciężką pracę pszczół w pyszny i wartościowy produkt. Proces ten obejmuje kilka etapów, aby zapewnić, że miód jest odpowiednio zebrany i przygotowany.

Ekstrakcja miodu

Gdy ramki ula są pełne miodu, nadszedł czas na ekstrakcję. Załóż odzież ochronną i użyj podkurzacza, aby uspokoić pszczoły. Wyjmij ramki z miodem z ula, usuwając wszystkie pszczoły.

Odsklepianie plastrów miodu: Najpierw należy usunąć woskowe zamknięcia, które uszczelniają miód w plastrach. Można do tego użyć noża lub widelca. Ostrożnie usuń nakrętki woskowe, uważając, aby nie uszkodzić plastra.

Użyj miodarki. Umieść odsklepione ramki w ekstraktorze. Ekstraktory są dostępne w wersji ręcznej lub elektrycznej i wykorzystują siłę odśrodkową do odwirowania miodu z plastrów. Umieść ramki w ekstraktorze i wiruj zgodnie z instrukcjami. Miód wypłynie z ekstraktora do pojemnika. Przefiltruj go przez drobną siatkę, aby usunąć wszelkie kawałki wosku lub zanieczyszczenia. Dzięki temu miód jest czysty i gotowy do przechowywania.

Przetwarzanie miodu

Miód wymaga minimalnego przetworzenia, aby był gotowy do spożycia lub sprzedaży. Istnieje jednak kilka kluczowych kroków, które należy wziąć pod uwagę.

Podgrzewanie (opcjonalnie): Niektórzy pszczelarze podgrzewają miód, aby ułatwić jego filtrowanie i opóźnić krystalizację. Nadmierne podgrzewanie może jednak pogorszyć jakość i wartość odżywczą miodu. Jeśli zdecydujesz się podgrzać miód, zrób to w niskiej temperaturze, najlepiej poniżej 40°C (104°F).

Miód kremowany to popularny produkt o gładkiej, smarownej konsystencji. Aby go przygotować, należy kontrolować proces krystalizacji, wprowadzając drobne kryształki miodu i mieszając, aż zgęstnieje. Miód należy przechowywać w niskiej temperaturze, aby zachować jego kremową konsystencję.

Przechowywanie i konserwowanie miodu

Miód dobrze się przechowuje, jeśli jest prawidłowo przechowywany. Jest on naturalnie odporny na psucie się, ale nadal wymaga odpowiedniego obchodzenia się z nim.

Pojemniki do przechowywania: Miód należy przechowywać w czystych, szczelnych pojemnikach, aby zapobiec wchłanianiu wilgoci i zapachów z otoczenia. Idealne są szklane słoiki, ale można również używać plastikowych pojemników przeznaczonych do kontaktu z żywnością. Przed użyciem należy upewnić się, że pojemniki są dokładnie wysterylizowane.

Warunki przechowywania: Miód należy przechowywać w chłodnym, ciemnym miejscu, takim jak spiżarnia lub szafka. Idealna temperatura przechowywania to 10-21°C (50-70°F). Należy unikać wystawiania miodu na bezpośrednie działanie promieni słonecznych lub przechowywania go w pobliżu źródeł ciepła, ponieważ może to spowodować jego ciemnienie i utratę smaku.

Zapobieganie krystalizacji: Z czasem miód naturalnie krystalizuje, tworząc granulki. Nie ma to wpływu na jakość miodu, ale może zmienić jego konsystencję. Aby spowolnić krystalizację, przechowuj miód w stałej, chłodnej temperaturze. Jeśli miód się skrystalizuje, można go delikatnie podgrzać w kąpieli wodnej (nie przekraczając 104°F lub 40°C), aby przywrócić go do stanu płynnego.

Długotrwałe przechowywanie: Miód jest znany ze swojego długiego okresu przydatności do spożycia i może być przechowywany w nieskończoność, jeśli jest odpowiednio przechowywany. Starożytny miód w egipskich grobowcach był nadal jadalny po tysiącach lat. Aby utrzymać miód w dobrym stanie, zawsze szczelnie zamykaj pojemniki po każdym użyciu i unikaj wilgoci lub zanieczyszczeń.

Specjalistyczne techniki produkcji miodu

Produkcja miodu kremowanego

Miód kremowany to rodzaj miodu, który został ubity. Miód kremowany to popularny produkt znany ze swojej gładkiej konsystencji. Miód kremowany nie kapie i łatwo się rozprowadza. Gładką konsystencję uzyskuje się poprzez kontrolowanie tworzenia się kryształów.

Jak powstaje miód kremowany? Aby uzyskać dobry miód kremowany, należy kontrolować sposób jego krystalizacji. Miód z nasion jest używany jako starter dla reszty partii. Niewielką ilość miodu z nasion miesza się z miodem płynnym w stosunku około 1:10. Mieszaninę przechowuje się w niskiej temperaturze (około 14°C), aby ułatwić tworzenie się kryształów. Mieszaj miód od czasu do czasu, aby upewnić się, że kryształy są równomiernie rozłożone i nie stają się zbyt duże.

Potrzebny będzie następujący sprzęt i narzędzia: Aby wyprodukować miód kremowany, pszczelarze potrzebują miksera do miodu, magazynu z kontrolowaną temperaturą i miodu z nasion. Mikser do miodu zapewnia równomierne rozprowadzenie miodu z nasion w partii, podczas gdy jednostki przechowywania z kontrolowaną temperaturą utrzymują odpowiednie warunki do krystalizacji. Używaj czystych, wysterylizowanych pojemników, aby zapobiec zanieczyszczeniu i zachować jakość miodu.

Aby uzyskać gładką, spójną konsystencję kremowanego miodu, należy zwracać uwagę na szczegóły i przestrzegać najlepszych praktyk. Zacznij od wysokiej jakości, przefiltrowanego płynnego miodu, aby uniknąć zanieczyszczeń, które mogą wpływać na proces krystalizacji. Monitoruj temperaturę i mieszaj miód podczas krystalizacji, aby zapewnić jednolitą konsystencję. Używanie wysokiej jakości miodu z nasion o pożądanej konsystencji może również wpłynąć na produkt końcowy. Miód kremowany należy przechowywać w chłodnym i suchym miejscu, aby zachować jego konsystencję.

Produkcja miodu infuzowanego

Czym jest miód infuzowany? Miód infuzowany powstaje poprzez dodanie do niego naturalnych aromatów. Sprawia to, że miód smakuje i pachnie lepiej, więc jest dobrym składnikiem do gotowania i ulubieńcem miłośników jedzenia.

Wybieraj smaki: Podczas przygotowywania miodu infuzowanego należy wybierać wysokiej jakości, naturalne składniki. Typowe napary to cynamon, wanilia, lawenda, rozmaryn i cytrusy. Smaki powinny dobrze komponować się z miodem.

Techniki infuzji: Istnieją dwa sposoby infuzji miodu: infuzja na zimno i delikatne podgrzewanie. W przypadku infuzji na zimno, dodajesz składniki do miodu i pozwalasz mu parzyć przez kilka dni. Metoda ta pozwala zachować naturalne właściwości miodu. Innym sposobem jest podgrzanie miodu do około 38°C (100°F) i dodanie aromatu. Miód pozostawia się do zaparzenia na kilka godzin do kilku dni przed odcedzeniem stałych składników.

Bezpieczeństwo i kontrola jakości: Zapewnij bezpieczeństwo i jakość miodu infuzyjnego, używając czystych, wysterylizowanych pojemników i wysokiej jakości składników. Unikaj dodawania wilgoci do miodu, ponieważ może to spowodować fermentację i zepsucie. Po zakończeniu infuzji należy odcedzić miód i przechowywać go w szczelnym pojemniku w chłodnym, ciemnym miejscu.

Produkcja miodu o strukturze plastra miodu

Miód o strukturze plastra miodu to miód sprzedawany w komórkach wosku pszczelego wytwarzanych przez pszczoły. Ten rodzaj miodu jest wysoko ceniony ze względu na jego czysty, nieprzetworzony stan i naturalną konsystencję zapewnianą przez plaster wosku. Jedną z powszechnych metod jest stosowanie ramek Ross Rounds lub ramek sekcyjnych, które pozwalają pszczołom budować plaster miodu w małych, indywidualnych sekcjach, które można łatwo zbierać i pakować. Inna tradycyjna metoda polega na użyciu płytkich ramek i pocięciu plastra na kwadraty, gdy miód jest w pełni zamknięty.

Zbieranie i pakowanie: Zbieranie miodu z plastrów polega na usuwaniu ramek z ula, gdy miód jest w pełni zamknięty. Ramki są następnie cięte na części lub usuwane w całości. Plaster miodu jest często umieszczany w przezroczystych pojemnikach, aby pokazać jego naturalne piękno. Plaster miodu musi być przechowywany w nienaruszonym stanie podczas zbiorów i pakowania, aby zachować jego jakość i wygląd.

Rynek i preferencje konsumentów: Miód plastrowy jest atrakcyjny dla konsumentów poszukujących naturalnego, nieprzetworzonego produktu. Może być sprzedawany jako produkt dla smakoszy, podkreślając jego czystość i wyjątkowe doznania kulinarne. Miód jest często spożywany samodzielnie, rozsmarowywany na tostach lub stosowany jako dodatek do deserów i serów.

Produkcja miodu z jednego źródła

Miód jednorodny to miód pochodzący z określonego miejsca. Miód jednorodny pochodzi z jednego miejsca i ma wyjątkowy smak, kolor i zapach. Ten rodzaj miodu pokazuje smak gleby, podobnie jak szlachetne wino, i jest lubiany przez koneserów i szefów kuchni.

Zarządzanie obszarami paszowymi: Pszczelarze muszą umieszczać ule na obszarach z dużą ilością określonych kwiatów, aby produkować miód pojedynczego pochodzenia. Pszczelarze muszą upewnić się, że rośliny w obszarach żerowania są głównym źródłem nektaru w okresie przepływu miodu. Może to oznaczać wybór miejsc, w których pszczoły rzadziej żerują na innych roślinach.

Względy sezonowe: Czas jest ważny w przypadku miodu z jednego źródła. Pszczelarze muszą zbierać miód zaraz po zakwitnięciu roślin docelowych, aby zachować jego czystość. Często wymaga to starannego planowania i monitorowania lokalnych cykli kwitnienia roślin.

Marketing miodu pojedynczego pochodzenia: miód pojedynczego

pochodzenia może być sprzedawany poprzez podkreślenie jego unikalnego profilu smakowego i konkretnego regionu, z którego pochodzi. Etykiety powinny podkreślać źródło kwiatów i pochodzenie geograficzne, przemawiając do konsumentów zainteresowanych wysokiej jakości produktami rzemieślniczymi. Opowiadanie o regionie i praktykach pszczelarskich może zwiększyć atrakcyjność produktu.

Ekologiczna produkcja miodu

Miód organiczny jest wolny od pestycydów, chemikaliów i antybiotyków. Pszczoły, rośliny i zarządzanie ulem muszą być zgodne ze standardami ekologicznymi określonymi przez organy regulacyjne.

Pszczelarstwo ekologiczne: Pszczelarstwo ekologiczne polega na hodowaniu pszczół w zdrowy sposób. Oznacza to trzymanie pasiek z dala od konwencjonalnego rolnictwa i zanieczyszczeń, stosowanie ekologicznych metod leczenia szkodników i chorób oraz upewnianie się, że pszczoły mają dostęp do żywności wolnej od pestycydów.

Wyzwania i rozwiązania: Produkcja ekologicznego miodu jest trudna, ponieważ trzeba znaleźć dobre miejsce i przestrzegać praktyk ekologicznych w całym procesie. Rozwiązania obejmują współpracę z gospodarstwami ekologicznymi, tworzenie stref buforowych wokół pasiek i stosowanie naturalnych metod zwalczania szkodników i chorób. Pszczelarze muszą prowadzić szczegółową dokumentację, aby wykazać zgodność ze standardami ekologicznymi.

Trendy rynkowe: Rośnie popyt na produkty ekologiczne, ponieważ konsumenci stają się coraz bardziej świadomi kwestii zdrowotnych i ekologicznych. Miód ekologiczny przemawia do tego rynku, a pszczelarze mogą uzyskać wyższe ceny za certyfikowane produkty ekologiczne. Strategie marketingowe powinny koncentrować się na korzyściach zdrowotnych i środowiskowych miodu organicznego.

Produkcja surowego miodu

Surowy miód to miód, który nie został podgrzany ani przetworzony. Zazwyczaj jest odcedzany w celu usunięcia większych cząstek, ale zachowuje swój naturalny pyłek i korzystne związki.

Kontrola jakości: Aby surowy miód był czysty i dobry, pszczelarze muszą obchodzić się z nim ostrożnie, aby uniknąć zanieczyszczenia. Powinni używać czystego, wysterylizowanego sprzętu i przechowywać miód w hermetycznych pojemnikach, aby zapobiec wchłanianiu wilgoci i psuciu się. Regularne testowanie zawartości wilgoci i innych parametrów jakościowych może pomóc w utrzymaniu wysokich standardów.

Edukacja konsumentów: Aby wprowadzić na rynek surowy miód, pszczelarze muszą edukować konsumentów na temat jego naturalnych enzymów, przeciwutleniaczy i korzyści zdrowotnych.

Produkcja miodu w ramach sprawiedliwego handlu

Miód pochodzący ze sprawiedliwego handlu jest produkowany w sposób zapewniający pszczelarzom uczciwe płace i warunki pracy, a także zrównoważone praktyki środowiskowe. Certyfikacja sprawiedliwego handlu ma na celu wspieranie drobnych pszczelarzy i promowanie etycznego zaopatrzenia.

Proces certyfikacji: Pszczelarze i producenci miodu muszą współpracować z organizacjami certyfikującymi, aby przejść audyty i wykazać zgodność z kryteriami sprawiedliwego handlu.

Pszczelarze korzystają z programów sprawiedliwego handlu miodem. Programy te zapewniają uczciwe ceny i dostęp do rynków międzynarodowych. Wspierają również projekty rozwoju społeczności, szkolenia i zasoby w celu poprawy praktyk pszczelarskich.

Marketing miodu pochodzącego ze sprawiedliwego handlu obejmuje podkreślanie jego etycznych i zrównoważonych metod produkcji. Etykiety powinny podkreślać certyfikat sprawiedliwego handlu, a opowiadanie historii o pszczelarzach i ich społecznościach może zwiększyć atrakcyjność produktu.

Produkcja mieszanek miodu

Mieszanki miodu są wytwarzane z różnych rodzajów miodu. Zapewnia to ich spójność, poprawia określone właściwości i równoważy naturalne różnice w produkcji miodu.

Aby stworzyć mieszanki miodu, różne rodzaje miodu są mieszane w precyzyjnych proporcjach w celu uzyskania pożądanego smaku, koloru i konsystencji. Pszczelarze i producenci muszą znać właściwości każdego rodzaju miodu, którego używają. Na przykład, mieszanka może łączyć miód koniczynowy z miodem gryczanym, aby stworzyć zrównoważony produkt.

Proces mieszania może być wykonywany ręcznie lub za pomocą specjalistycznego sprzętu mieszającego. Ręczne mieszanie miodu polega na odmierzaniu i mieszaniu różnych miodów partiami. Miód jest łączony w dużych kadziach lub zbiornikach za pomocą mieszalnika, aby zapewnić równomierne rozprowadzenie smaków i konsystencji.

Ważne jest, aby przetestować miód pod kątem zawartości wilgoci, składu cukru i zanieczyszczeń, aby upewnić się, że produkt końcowy spełnia pożądane specyfikacje.

Zapewnienie jakości obejmuje również prowadzenie dokumentacji dotyczącej tego, skąd pochodzi miód i ile każdego rodzaju miodu jest używane w każdej mieszance. Taka przejrzystość pomaga producentom upewnić się, że mogą wielokrotnie tworzyć te same mieszanki. Odnotowując, jak wygląda każda partia, producenci mogą wprowadzać zmiany w przyszłych mieszankach, aby uzyskać najlepsze wyniki.

Miód mieszany jest wykorzystywany na wiele różnych sposobów, co czyni go przydatnym produktem dla konsumentów i przemysłu spożywczego. Miód mieszany jest często sprzedawany w sklepach, ponieważ za każdym razem smakuje tak samo i jest niezawodny. Miód mieszany występuje w różnych formach, takich jak słoiki, butelki do wyciskania i opakowania jednodawkowe.

Szefowie kuchni i producenci żywności używają miodu mieszanego do tworzenia spójnych smaków w przepisach i produktach spożywczych. Jest on stosowany w wypiekach, sosach, marynatach i napojach w celu wzmocnienia smaku. Miód mieszany jest używany do produkcji specjalnych produktów spożywczych, takich jak pasty miodowe i miody infuzowane.

Mieszanie miodu pomaga utrzymać pszczelarstwo poprzez wykorzystanie miodu z różnych regionów i kwiatów, zmniejszając presję na jedno miejsce. Pomaga to lokalnym ekosystemom, zachęcając różne rodzaje pszczół do żerowania.

Mieszanie miodu może również pomóc w radzeniu sobie z wpływem zmian sezonowych i środowiskowych na produkcję miodu. Łącząc miód z różnych źródeł, producenci mogą zapewnić stabilne dostawy wysokiej jakości miodu, nawet w latach, w których niektóre źródła kwiatowe mogą być mniej obfite.

Ważne jest, aby edukować konsumentów na temat korzyści i właściwości miodu mieszanego. Pomoże im to docenić produkt i zwiększyć popyt na niego. Podkreślanie starannej selekcji i procesu mieszania, a także walorów sensorycznych produktu końcowego, może pomóc odróżnić miód mieszany od odmian pochodzących z jednego źródła. Dostarczanie informacji na temat zrównoważonego rozwoju i korzyści dla środowiska wynikających z mieszania miodu może również zwiększyć jego atrakcyjność dla świadomych ekologicznie konsumentów.

Rodzaje miodu i ich właściwości

Miód występuje w różnych rodzajach, z których każdy ma swoje własne właściwości. Znajomość tych rodzajów pomaga nam docenić różnorodność miodu.

Miód jednokwiatowy

Miód jednokwiatowy jest wytwarzany z jednego rodzaju kwiatów. Dzięki temu miód smakuje, wygląda i jest inny w dotyku.

Miód akacjowy: Miód akacjowy jest lekki i słodki. Pozostaje płynny przez długi czas, ponieważ zawiera dużo fruktozy, więc nie krystalizuje się. Jest klarowny i ma subtelny smak, więc jest ulubionym produktem do gotowania oraz jako słodzik do herbaty i deserów.

Miód manuka: Miód ten produkowany jest w Nowej Zelandii z drzewa Manuka i znany jest ze swoich właściwości leczniczych. Jest ciemny i gorzki. Miód manuka zawiera specjalne związki, takie jak methylglyoxal (MGO), które czynią go antybakteryjnym. Jest stosowany do leczenia ran i poprawy trawienia.

Miód lawendowy: Miód ten ma kwiatowy aromat i jasnobursztynowy kolor. Miód lawendowy jest popularny ze względu na swój wyjątkowy smak, który dobrze komponuje się z serami i wypiekami. Jest również stosowany w naturalnych środkach leczniczych.

Miód gryczany: Miód gryczany jest ciemny i mocny, o smaku przypominającym melasę. Jest bogaty w przeciwutleniacze i jest często używany do pieczenia lub jako środek przeciwkaszlowy. Ciemny kolor wskazuje na wysoką zawartość minerałów.

Miód z kwiatów pomarańczy jest lekki, cytrusowy i jasnobursztynowy. Jest aromatyczny i słodki, dzięki czemu idealnie nadaje się do sosów sałatkowych, marynat i deserów.

Miód koniczynowy jest lekki i łagodny. Może być stosowany na wiele sposobów, od słodzenia napojów po pieczenie.

Miód eukaliptusowy jest ciemny i ma miętowy smak. Jest stosowany ze względu na swoje właściwości lecznicze, szczególnie w przypadku chorób układu oddechowego.

Miód wielokwiatowy

Miód wielokwiatowy powstaje z nektaru różnych kwiatów. Ma bardziej złożony smak niż inne rodzaje miodu.

Miód wielokwiatowy: Smak, kolor i zapach miodu z dzikich kwiatów może się znacznie różnić w zależności od tego, gdzie został zebrany. Zazwyczaj jest on bardzo słodki i mocny w smaku, który odzwierciedla różne kwiaty odwiedzane przez pszczoły. Miód wielokwiatowy jest często stosowany w herbatach, tostach i wypiekach.

Miód leśny: Zbierany z mieszanych środowisk leśnych, miód ten może mieć dość złożony smak, z nutami różnych kwiatów, ziół, a nawet soku drzewnego. Zwykle jest ciemniejszy i bogatszy niż miód łąkowy i jest bardzo aromatyczny.

Miód górski: Pszczoły żyjące w górach wytwarzają miód o smaku kwiatów i ziół, które tam znajdują.

Miód łąkowy: Pszczoły żyjące na łąkach wytwarzają miód o smaku kwiatów i traw, które tam znajdują.

Właściwości lecznicze różnych miodów

Miód od wieków wykorzystywany jest do celów leczniczych. Różne rodzaje miodu oferują różne korzyści zdrowotne.

Miód Manuka produkowany jest z nektaru drzewa Manuka w Nowej Zelandii. Znany jest ze swoich silnych właściwości antybakteryjnych i przeciwdrobnoustrojowych. Miód manuka ma wysoki poziom methylglyoxalu (MGO), co sprawia, że jest dobry do gojenia ran, zmniejszania infekcji i promowania zdrowia skóry. Jest również dobry na ból gardła, zdrowie układu trawiennego i odporność.

Miód gryczany jest bogaty w przeciwutleniacze, które pomagają neutralizować wolne rodniki i zmniejszać stres oksydacyjny. Ten ciemny miód jest dobry do łagodzenia kaszlu i bólu gardła ze względu na wysoką zawartość fenoli. Jego właściwości przeciwutleniające wspierają funkcje odpornościowe i ogólny stan zdrowia.

Miód eukaliptusowy ma działanie antyseptyczne i przeciwzapalne. Jest stosowany w łagodzeniu przeziębień i chorób układu oddechowego. Mentolowy smak miodu eukaliptusowego działa kojąco, co czyni go popularnym wyborem w naturalnych środkach na zdrowie układu oddechowego.

Miód lawendowy działa uspokajająco i przeciwzapalnie. Może być stosowany do leczenia drobnych oparzeń i ran. Jest również stosowany w aromaterapii i naturalnych środkach leczniczych w celu zmniejszenia niepokoju, promowania relaksu i poprawy jakości snu.

Miód Tualang pozyskiwany jest z drzewa Tualang w Azji Południowo-Wschodniej. Znany jest z wysokiej zawartości przeciwutleniaczy i różnych właściwości leczniczych. Jest stosowany w medycynie tradycyjnej do leczenia ran, poprawy zdrowia skóry i wzmocnienia układu odpornościowego. Badania wykazały, że miód Tualang ma właściwości przeciwzapalne, przeciwbakteryjne i gojące rany.

Klasyfikacja i standardy jakości miodu

Standardy jakości i klasyfikacji miodu mają zasadnicze znaczenie dla zapewnienia, że konsumenci otrzymują produkt spełniający określone kryteria czystości, smaku i bezpieczeństwa. Różne organizacje i przepisy regulują te standardy, koncentrując się na takich aspektach, jak zawartość wilgoci, czystość i fałszowanie. Idealna zawartość wilgoci w miodzie wynosi poniżej 18%. Pszczelarze i producenci miodu używają refraktometrów do pomiaru i zapewnienia odpowiedniej zawartości wilgoci. Czysty miód nie powinien zawierać żadnych dodatków ani domieszek. Powszechne substancje fałszujące obejmują syropy cukrowe, syrop kukurydziany i inne substancje słodzące. Autentyczny miód zachowuje swój naturalny skład bez rozcieńczania lub ulepszania. Aby sprawdzić czystość, miód jest analizowany pod kątem profilu cukrowego, zawartości substancji obcych i pyłków.

Miód jest klasyfikowany w różnych krajach na podstawie koloru, klarowności, smaku i aromatu. W Stanach Zjednoczonych miód jest klasyfikowany przez USDA w czterech klasach: Grade A, Grade B, Grade C i

Substandard. Miód klasy A jest najlepszej jakości. Inne kraje mają podobne systemy klasyfikacji miodu.

Analiza pyłków może pomóc w identyfikacji jakości i pochodzenia miodu. Miód wysokiej jakości powinien zawierać zróżnicowany profil pyłkowy.

Krystalizacja i dekrystalizacja miodu

Krystalizacja

Miód może tworzyć kryształy, gdy jest podgrzewany lub schładzany. Nie ma to wpływu na jakość miodu, ale może zmienić jego wygląd i konsystencję. Główną rzeczą, która ma na to wpływ, jest ilość glukozy i fruktozy w miodzie. Miód z większą ilością glukozy ma tendencję do szybszej krystalizacji, ponieważ glukoza jest mniej rozpuszczalna w wodzie niż fruktoza. Na przykład miody koniczynowe i słonecznikowe krystalizują szybciej niż miody akacjowe lub tupelo. Temperatura również wpływa na krystalizację. Miód przechowywany w niższych temperaturach (między 50-

59°F lub 10-15°C) krystalizuje szybciej niż miód przechowywany w wyższych temperaturach. Dzieje się tak, ponieważ niższe temperatury ułatwiają glukozie tworzenie kryształów. Sposób przechowywania miodu wpływa na szybkość jego krystalizacji. Miód przechowywany w chłodnym, ciemnym miejscu o niewielkich zmianach temperatury jest mniej podatny na szybką krystalizację niż miód przechowywany w miejscu o dużych zmianach temperatury.

Aby zapobiec krystalizacji miodu, należy przechowywać go w ciemnym, suchym miejscu w temperaturze powyżej 18°C (64°F). Miód kremowany jest celowo krystalizowany, aby uzyskać gładką, smarowną konsystencję. Osiąga się to poprzez kontrolowanie procesu krystalizacji. Miód kremowany jest gładki i nie krystalizuje.

Szczelne pojemniki zapobiegają przedostawaniu się wilgoci, która może powodować krystalizację miodu. Szklane słoiki są najlepsze do długotrwałego przechowywania, ponieważ nie przepuszczają wilgoci ani zapachów.

Dekrystalizacja

Miód można przywrócić do stanu płynnego poprzez jego delikatne podgrzanie. Proces ten, zwany dekrystalizacją, jest ważny dla zachowania jakości i wartości odżywczych miodu. Jednym ze sposobów jest umieszczenie słoika w ciepłej kąpieli wodnej. Temperatura wody nie powinna przekraczać 40°C (104°F), aby uniknąć uszkodzenia enzymów i związków zawartych w miodzie. Mieszanie miodu pomaga rozprowadzić ciepło i przyspiesza proces.

Nie używaj kuchenki mikrofalowej do dekrystalizacji miodu. Mikrofale mogą przegrzać miód, co powoduje rozkład enzymów i utratę wartości odżywczych miodu.

Aby zapobiec ponownej krystalizacji miodu, należy go odpowiednio

przechowywać. Używaj czystych,
szczelnych pojemników i przechowuj go
w stabilnej, ciepłej temperaturze.

Inne produkty pszczele

Wosk pszczeli: pozyskiwanie, przetwarzanie i zastosowanie

Wosk pszczeli jest wytwarzany przez
pszczoły miodne do budowy plastrów
miodu. Wosk pszczeli jest zbierany
poprzez usuwanie zasklepów
woskowych z komórek plastra miodu
podczas ekstrakcji miodu. Pszczelarze
zbierają zasklepy i stare plastry. Wosk
jest topiony w podwójnym bojlerze, aby
zapobiec jego przegrzaniu. Wosk jest
filtrowany w celu usunięcia
zanieczyszczeń. Następnie wosk jest
schładzany i twardnieje. Proces ten
można powtórzyć, aby wosk pszczeli był
jeszcze czystszy.

Przetworzony wosk pszczeli jest bardzo
użyteczny. Stosuje się go w świecach,

dzięki czemu palą się one dłużej i są czystsze niż te wykonane z parafiny. Wosk pszczeli jest stosowany w kosmetyce, konserwacji żywności i sztuce. Jest naturalnym środkiem nawilżającym i ochronnym.

Propolis: Pozyskiwanie i korzyści zdrowotne

Propolis to żywica zbierana przez pszczoły z pąków drzew i wypływających z nich soków. Pszczoły używają jej do uszczelniania szczelin w ulu i wzmacniania jego struktury. Pszczelarze zbierają go zeskrobując z części ula lub stosując specjalne pułapki. Pułapki te są umieszczane w ulu i usuwane po wypełnieniu propolisem, który jest następnie schładzany w celu stwardnienia i łatwego zeskrobania.

Propolis ma właściwości zdrowotne, w tym przeciwbakteryjne, przeciwzapalne i przeciwutleniające. Jest stosowany w leczeniu drobnych ran i infekcji ze względu na swoje naturalne właściwości antybiotyczne. Propolis może zmniejszać stan zapalny i wspomagać gojenie, dzięki czemu jest przydatny w leczeniu chorób skóry, takich jak egzema i łuszczyca. Propolis wspomaga również układ odpornościowy i znajduje się w wielu naturalnych produktach wzmacniających odporność i zdrowie jamy ustnej, takich jak pasta do zębów i płyn do płukania jamy ustnej.

Mleczko pszczele: Produkcja i zastosowania

Mleczko pszczele to słodka, lepka substancja wytwarzana przez pszczoły robotnice w celu karmienia larw i królowej. Mleczko pszczele to substancja wytwarzana przez pszczoły robotnice w celu karmienia larw i królowej. Jest ono wytwarzane przez pszczoły karmicielki. Pszczelarze zbierają mleczko pszczele, zachęcając do produkcji komórek królowej, które są następnie zbierane, zanim larwy będą mogły je zjeść.

Mleczko pszczele jest dobre dla zdrowia. Jest to suplement diety, ponieważ zawiera witaminy, minerały i aminokwasy. Uważa się, że zwiększają one energię, wzmacniają odporność i poprawiają ogólny stan zdrowia. Mleczko pszczele jest stosowane w kremach i balsamach przeciwstarzeniowych, ponieważ sprawia, że skóra wygląda młodziej. Mleczko pszczele może obniżać poziom cholesterolu, zmniejszać stan zapalny i wspomagać gojenie się ran.

Pyłek pszczeli: pozyskiwanie i wartość odżywcza

Pyłek pszczeli jest zbierany przez pszczoły z kwiatów i pakowany w granulki z nektarem i enzymami. Pszczelarze używają pułapek przy wejściu do ula, aby zbierać pyłek od pszczół wracających z żerowania. Pułapki zbierają pyłek z nóg pszczół, który jest następnie zbierany.

Pyłek pszczeli to superżywność. Zawiera wszystkie niezbędne

aminokwasy, dzięki czemu jest kompletnym źródłem białka. Jest również bogata w witaminy i minerały. Przeciwutleniacze pomagają zwalczać stres i wspierają ogólny stan zdrowia. Pyłek pszczeli może wzmocnić układ odpornościowy i jest stosowany w leczeniu alergii i zwiększaniu poziomu energii.

Jad pszczeli: Pozyskiwanie i zastosowania terapeutyczne

Jad pszczeli jest zbierany od pszczół za pomocą specjalnego urządzenia. Jad jest umieszczany na szklanej płytce i pozostawiony do wyschnięcia. Proces ten ma na celu zapewnienie, że pszczoły nie umrą po użądleniu. Jad pszczeli zawiera melitynę, która ma działanie przeciwzapalne, przydatne w przypadku zapalenia stawów i przewlekłego bólu. Jad pszczeli może również modulować układ odpornościowy, oferując potencjał w przypadku chorób autoimmunologicznych, takich jak stwardnienie rozsiane. W pielęgnacji skóry jad pszczeli jest składnikiem produktów przeciwstarzeniowych ze względu na jego zdolność do stymulowania produkcji kolagenu i poprawy elastyczności skóry. Niektóre badania sugerują również, że terapia jadem pszczelim może wspierać zdrowie neurologiczne i łagodzić objawy takich schorzeń jak choroba Parkinsona.

Typowe wyzwania i rozwiązania

Radzenie sobie z agresywnymi pszczołami

Agresywne pszczoły mogą stanowić wyzwanie dla pszczelarzy. Jednym ze sposobów radzenia sobie z nimi jest ponowne obsadzenie kolonii łagodniejszą królową. Może to z czasem zmienić temperament kolonii. Ważne jest, aby pozyskiwać królowe od sprawdzonych hodowców. Innym podejściem jest utrzymywanie ula w dobrym stanie i nie zakłócanie go zbytnio. Pomocne mogą być regularne, delikatne inspekcje. Używanie wędzarki może uspokoić pszczoły, zmniejszając prawdopodobieństwo ich użądlenia. Pszczelarze powinni również upewnić się, że ich sprzęt jest dobry, ponieważ dzięki temu są bardziej pewni siebie i mniej skłonni do szybkich ruchów, co może sprawić, że pszczoły będą bardziej agresywne.

Środowisko może również wpływać na zachowanie pszczół. Jeśli pszczoły mają dużo pożywienia i czystej wody, są mniej skłonne do walki. Dobrze jest również umieścić ule w spokojnym miejscu, z dala od ruchliwych dróg. Sprawdzanie uli w łagodne, słoneczne dni może zmniejszyć liczbę pszczół w ulu i ich zachowania obronne. Zrozumienie i unikanie czynników wyzwalających agresję pszczół może sprawić, że interakcje z ulem będą płynniejsze.

Zapobieganie rojeniu i zarządzanie nim

Rojenie się jest naturalnym procesem dla pszczół, ale może skutkować utratą znacznej części kolonii. Aby zapobiec rojeniu, pszczelarze powinni regularnie monitorować ul w szczytowych okresach rojenia (wiosną i wczesnym latem) i zapewnić kolonii wystarczająco dużo miejsca do rozwoju. Dodanie nadstawek (dodatkowych skrzynek) może pomóc złagodzić zatory w ulu.

Pszczelarze powinni regularnie kontrolować swoje ule, aby zidentyfikować wczesne oznaki rójki, takie jak obecność komórek rojowych. W przypadku wykrycia komórek rojowych, mogą oni przeprowadzić kontrolowany podział ula, tworząc nową kolonię z częścią pszczół i czerwiu. Naśladuje to naturalny proces rojenia, ale pozwala pszczelarzowi zachować kontrolę. Inną metodą zapobiegania rójce jest okresowe odnawianie ula. Młode królowe są mniej skłonne do rójki. Przepierzanie co rok do dwóch lat może pomóc w utrzymaniu stabilnej kolonii. Upewnij się, że ul ma dobrą wentylację i nie jest przegrzany, aby zmniejszyć prawdopodobieństwo rójki.

Zapewnienie wystarczającej ilości paszy i zarządzanie potrzebami żywieniowymi ula. Gdy pszczoły mają pod dostatkiem zasobów, a ul jest dobrze odżywiony, są mniej skłonne do rójki. Pszczelarze mogą usuwać stare plastry, aby utrzymać pszczoły w ulu. Jeśli dojdzie do rójki, pszczelarze powinni być gotowi do jej złapania i umieszczenia z powrotem w ulu. Ustawienie uli przynętowych ze starym plastrem i przynętami feromonowymi może pomóc w łapaniu rojów. Pomaga to pszczołom, które się roją, zostać schwytane i zagospodarowane.

Rozpoznawanie i leczenie powszechnych chorób pszczół

Pszczoły mogą zachorować. Może to zaszkodzić kolonii i zmniejszyć jej produktywność. Jedna z powszechnych chorób jest wywoływana przez roztocza zwane Varroa destructor. Pszczelarze powinni często sprawdzać obecność roztoczy. Jeśli jest ich dużo, mogą zastosować środek przeciw roztoczom o nazwie Apivar lub Apiguard.

Inną chorobą jest zgnilec amerykański (AFB), który atakuje larwy pszczół. AFB jest wysoce zaraźliwa i może mieć katastrofalne skutki dla kolonii. Objawy obejmują zapadnięte, perforowane zasklepy czerwiu i nieprzyjemny zapach. Pszczelarze powinni natychmiast poddać kwarantannie dotknięte ule i spalić zainfekowany sprzęt. Antybiotyki mogą być stosowane jako środek zapobiegawczy, ale ścisłe praktyki zarządzania mają kluczowe znaczenie dla kontroli rozprzestrzeniania się choroby.

Nosema to choroba wywoływana przez pasożyty, które wpływają na układ pokarmowy pszczół. Może osłabiać kolonie i powodować objawy, takie jak czerwonka i zmniejszona aktywność ula. Fumagilina jest skutecznym lekiem na Nosemę. Utrzymanie higieny w ulu i wymiana starego grzebienia może również pomóc w zapobieganiu chorobie. Choroba ta często wynika ze słabej wentylacji i wilgotnych warunków w ulu. Poprawa wentylacji i utrzymanie higieny może pomóc w zapobieganiu czerwiu kredowemu. Usuwanie i niszczenie zarażonych plastrów czerwiu może również kontrolować jego rozprzestrzenianie się. Pszczelarze powinni również starać się zapobiegać dwukrotnemu zarażeniu pszczół tym samym wirusem.

Ochrona uli przed drapieżnikami

Drapieżniki takie jak niedźwiedzie, skunksy, szopy i ptaki mogą uszkodzić kolonie pszczół. Ogrodzenia elektryczne mogą odstraszyć większe drapieżniki, takie jak niedźwiedzie. Ogrodzenie powinno być ustawione zanim niedźwiedzie staną się problemem. Łatwiej jest zapobiec przedostaniu się niedźwiedzi do uli, niż powstrzymać je, gdy już skosztują miodu.

W przypadku mniejszych drapieżników, takich jak skunksy i szopy, podniesienie uli z ziemi może uniemożliwić tym zwierzętom dotarcie do wejścia do ula. Dodatkowo, umieszczenie szorstkich materiałów, takich jak drut z kurczaka lub gwoździe wokół stojaków ula, może zniechęcić te drapieżniki do wspinaczki.

Ptaki, zwłaszcza pszczołowate, również mogą stanowić zagrożenie. Umieszczenie uli w miejscach z wystarczającą osłoną lub stosowanie środków odstraszających ptaki może pomóc chronić pszczoły. Pomocna może być również fizyczna bariera wokół pasieki.

Osy i szerszenie mogą atakować ule i zabijać pszczoły. Redukcja gniazd os i stosowanie pułapek może pomóc w kontrolowaniu tych drapieżników. Upewnienie się, że wejścia do ula mają odpowiedni rozmiar, może również zapobiec przedostawaniu się większych drapieżników do ula.

Czysta i uporządkowana pasieka jest mniej atrakcyjna dla drapieżników. Regularnie usuwaj źródła pożywienia i odpady. Monitoruj ule pod kątem oznak drapieżnictwa i podejmuj działania, jeśli znajdziesz dowody na obecność drapieżników.

Radzenie sobie z zespołem masowego ginięcia pszczół (CCD)

Zespół masowego ginięcia pszczół (Colony Collapse Disorder, CCD) to sytuacja, w której większość robotnic w kolonii znika, pozostawiając królową, czerw i kilka pszczół pielęgniarek. Dokładna przyczyna CCD nie jest znana, ale uważa się, że wynika ona z kombinacji czynników, w tym narażenia na pestycydy, patogeny, złe odżywianie i stresory środowiskowe.

Aby rozwiązać problem CCD, pszczelarze powinni przyjąć zintegrowane praktyki ochrony przed szkodnikami (IPM) w celu zwalczania roztoczy Varroa i innych szkodników bez nadmiernego polegania na zabiegach chemicznych. Podejście to obejmuje regularne monitorowanie, stosowanie kontroli biologicznych i rotacyjne zabiegi chemiczne w celu zapobiegania oporności.

Kluczowe znaczenie ma zapewnienie pszczołom dostępu do zróżnicowanego i obfitego pożywienia. Sadzenie różnorodnych roślin bogatych w nektar i pyłek wokół pasieki może poprawić odżywianie i odporność pszczół. Jeśli nie ma wystarczającej ilości pożywienia, pszczołom można podawać dodatkowy pokarm, aby pomóc im zachować zdrowie. Wymiana starych plastrów i czyszczenie wyposażenia ula może pomóc w ograniczeniu chorób.

Promowanie różnorodności w populacjach pszczół może pomóc im radzić sobie ze stresem. Odnosząc się do tych czynników, pszczelarze mogą pomóc zmniejszyć ryzyko wystąpienia CCD i wspierać zdrowie swoich rodzin.

Wpływ na środowisko i ochrona przyrody

Rola pszczół w bioróżnorodności

Pszczoły są ważne dla bioróżnorodności. Pomagają roślinom rozmnażać się, w tym wielu roślinom spożywczym. Około 75% światowych upraw spożywczych zależy od zapylania przez pszczoły i inne owady. Obejmuje to owoce, warzywa, orzechy i nasiona, które są ważne dla ludzkiej diety. Bez pszczół uprawy żywności byłyby mniej wydajne, co sprawiłoby, że żywność byłaby droższa dla ludzi.

Pszczoły pomagają również innym roślinom rozmnażać się, co pomaga dzikiej przyrodzie. To z kolei pomaga utrzymać glebę, wodę i węgiel w środowisku.

Pszczoły pomagają również roślinom rozmnażać się na różne sposoby. Dzięki temu rośliny mają większe szanse na przetrwanie i dostosowanie się do zmieniających się warunków.

W naturze pszczoły pomagają drzewom i krzewom rosnąć. Wiele drzew i krzewów jest zapylanych przez pszczoły, a ich nasiona są rozprzestrzeniane przez zwierzęta, które są uzależnione od owoców i orzechów zapylanych przez pszczoły. Przetrwanie pszczół zależy od innych stworzeń w środowisku. Kiedy pszczoły umierają, umierają też inne stworzenia. Może to sprawić, że środowisko będzie mniej zdrowe.

Zagrożenia dla populacji pszczół

Pszczoły są w niebezpieczeństwie. Ich liczba szybko spada. Pszczoły potrzebują kwiatów i miejsc lęgowych, aby przetrwać. Są one jednak tracone wraz z rozwojem miast, powiększaniem się gospodarstw rolnych i wycinaniem lasów. Jeśli krajobrazy zmieniają się w jeden rodzaj roślin, pszczoły nie otrzymują pożywienia, którego potrzebują do przetrwania.

Pestycydy, w szczególności neonikotynoidy, również szkodzą pszczołom. Chemikalia te są stosowane w rolnictwie i wpływają na zdolność pszczół do żerowania, poruszania się i rozmnażania. Badania wykazały, że narażenie na neonikotynoidy może osłabiać układ odpornościowy pszczół, czyniąc je bardziej podatnymi na patogeny.

Zmiany klimatyczne wpływają na pszczoły. Zmiany temperatury i deszczu wpływają na rośliny zapylane przez pszczoły. Ekstremalne warunki pogodowe mogą zaszkodzić pszczołom i ich siedliskom. Zmiany klimatyczne mogą również zmienić miejsca, w których żyją pszczoły, przez co nie mają one już dostępu do kwiatów, których potrzebują do przetrwania.

Patogeny, takie jak roztocze Varroa destructor i grzyby Nosema, szkodzą pszczołom. Roztocze Varroa stanowi duże zagrożenie dla pszczół miodnych. Zjada larwy i dorosłe osobniki pszczół oraz przenosi wirusy. Nieleczone inwazje mogą osłabić kolonie, zmniejszyć produkcję czerwiu i doprowadzić do upadku kolonii.

Zanieczyszczenia mogą również szkodzić pszczołom. Zanieczyszczony nektar i pyłek mogą wpływać na ich zdrowie i sukces reprodukcyjny. Zanieczyszczenie światłem może zakłócać ich wzorce żerowania i nawigację.

Tworzenie ogrodów i siedlisk przyjaznych pszczołom

Tworzenie ogrodów i siedlisk przyjaznych pszczołom pomaga pszczołom i innym owadom. Sadzenie różnych rodzajów kwiatów o różnych porach roku pomaga pszczołom. Rodzime rośliny są najlepsze, ponieważ ewoluowały wraz z lokalnymi pszczołami.

Mieszanka rodzajów roślin, w tym drzew, krzewów, bylin i roślin jednorocznych, tworzy zróżnicowane i atrakcyjne siedlisko dla pszczół. Do ogrodu przyjaznego pszczołom można również dodać kwitnące zioła, owoce i warzywa. Rośliny takie jak lawenda, słoneczniki, koniczyna i polne kwiaty doskonale przyciągają i wspierają pszczoły. Zamiast tego należy stosować naturalne środki kontroli, takie jak wprowadzanie owadów żerujących na szkodnikach. Jeśli konieczne są zabiegi chemiczne, należy wybrać opcje przyjazne pszczołom i stosować je, gdy pszczoły nie są aktywne.

Zapewnienie miejsc lęgowych pomaga pszczołom samotnicom. Hotele dla pszczół można tworzyć, wiercąc otwory w drewnianych blokach lub łącząc puste łodygi. Zapewnia to siedliska lęgowe dla gatunków takich jak pszczoły murarki i pszczoły tnące. Można również pozostawić płaty gołej ziemi i unikać nadmiernego ściółkowania, aby przynieść korzyści pszczołom gniazdującym na ziemi.

Źródła wody są ważne dla pszczół, szczególnie podczas upałów. Płytkie naczynie wypełnione wodą i kamykami lub kulkami zapewnia pszczołom bezpieczne miejsce do picia bez ryzyka utonięcia. Należy upewnić się, że woda jest czysta i regularnie uzupełniana.

Jeśli ludzie będą współpracować, aby tworzyć i utrzymywać przestrzenie dobre dla pszczół, będzie to miało większy wpływ. Jeśli ludzie dowiedzą się, dlaczego pszczoły są ważne i jak mogą im pomóc, więcej osób zacznie robić rzeczy, które pomagają pszczołom. Ogrody społeczne, tereny zielone i projekty ochrony przyrody mogą pomóc pszczołom i środowisku.

Wpływ pestycydów na pszczoły

Pestycydy zabijają pszczoły. Neonikotynoidy to rodzaj pestycydów, na które pszczoły nie są odporne. Dostają się one do roślin i znajdują się w nektarze i pyłku. Pszczoły narażone na działanie tych chemikaliów mogą doświadczać szeregu subletalnych skutków, nawet jeśli nie umierają natychmiast.

Badania pokazują, że neonikotynoidy mogą zmniejszać zdolność pszczół do uczenia się, zapamiętywania i znajdowania drogi powrotnej do ula. Może to prowadzić do mniejszej liczby pszczół żerujących i osłabienia kolonii. Mogą również sprawić, że pszczoły będą mniej wydajne w zbieraniu nektaru i pyłku.

Neonikotynoidy mogą również zwiększać podatność pszczół na choroby i pasożyty. Badania wykazały, że pszczoły narażone na te chemikalia mają niższą odporność na patogeny, takie jak Nosema i wirusy przenoszone przez roztocza Varroa. Ta zwiększona podatność może prowadzić do wyższej śmiertelności i upadku kolonii.

Stosowanie pestycydów może również zakłócać ekosystemy. Zmniejszając populację pszczół, stosowanie pestycydów może negatywnie wpływać na zapylanie roślin i sukces reprodukcyjny wielu gatunków roślin. Wpływa to na zwierzęta, które zjadają te rośliny, co może mieć szerszy wpływ na środowisko.

Aby pomóc pszczołom, kraje zakazały lub ograniczyły stosowanie niektórych neonikotynoidów. Inne sposoby pomocy pszczołom to stosowanie biologicznych środków kontroli i mniejszej ilości pestycydów chemicznych. Rolnicy i ogrodnicy mogą stosować praktyki przyjazne pszczołom, takie jak stosowanie ukierunkowanych pestycydów i mniej szkodliwych alternatyw.

Jeśli ludzie dowiedzą się o pestycydach i będą chcieli kupować żywność wolną od pestycydów, rolnicy zmienią sposób swojej pracy. Kupowanie żywności ekologicznej pomaga ograniczyć stosowanie pestycydów i chroni pszczoły i inne owady zapylające.

Działania na rzecz ochrony pszczół i jak się zaangażować

Pszczoły są ważne dla środowiska i rolnictwa. Aby je chronić, konieczne są wysiłki na rzecz ich ochrony. Wiele organizacji i inicjatyw pracuje nad ratowaniem pszczół. Możesz pomóc na wiele sposobów.

Jednym ze sposobów pomocy pszczołom jest tworzenie i

utrzymywanie siedlisk, które zapewniają im pożywienie, miejsca lęgowe i schronienie. Uprawa ogrodów przyjaznych pszczołom, pomoc w ogrodnictwie społecznościowym i wspieranie lokalnej ochrony przyrody może pomóc w tworzeniu środowisk bardziej przyjaznych pszczołom.

Rzecznictwo i edukacja są również ważne dla ochrony pszczół. Jeśli ludzie wiedzą więcej o pszczołach i o tym, co im szkodzi, mogą pomóc w tworzeniu nowych zasad i uzyskać większe wsparcie dla ochrony przyrody. Może to obejmować wspieranie kampanii na rzecz ograniczenia stosowania pestycydów, ochrony przyrody i promowania zrównoważonego rolnictwa.

Wspieranie badań jest ważne dla ochrony pszczół. Badania pomagają nam zrozumieć populacje pszczół i znaleźć sposoby ich ochrony. Możesz wspierać badania, przekazując darowizny na rzecz organizacji finansujących badania związane z pszczołami lub biorąc udział w obywatelskich projektach naukowych.

Lokalne i krajowe organizacje ochrony przyrody mogą pomóc w ochronie pszczół. Wiele organizacji oferuje możliwości wolontariatu, zasoby edukacyjne i narzędzia rzecznicze. Przykłady takich organizacji obejmują Xerces Society for Invertebrate Conservation, Pollinator Partnership i lokalne stowarzyszenia pszczelarskie.

Kupowanie produktów wspierających zrównoważone praktyki może pomóc pszczołom. Wybieraj ekologiczny i lokalnie produkowany miód, wspieraj rolników stosujących praktyki przyjazne pszczołom i unikaj produktów poddawanych działaniu szkodliwych pestycydów.

Podejmując te działania, osoby fizyczne mogą pomóc chronić pszczoły i zapewnić zrównoważony rozwój ekosystemów oraz dostępność upraw zależnych od zapylania przez pszczoły.